www.ingramcontent.com/pod-product-compliance
Lightning Source LLC
Chambersburg PA
CBHW062323220526
45469CB00008B/2605
9781727534177